大马警官

　　生肖小镇负责维持交通秩序的警察，机警敏锐。有一辆多功能警用摩托车，叫闪电车，能变出机械长臂进行救援。

喇叭鼠

　　生肖小镇玩具店的老板，也是交通安全志愿者，有一个神奇的喇叭，一吹就能出现画面。

编 委 会

主 编

刘　艳

编 委

李　君　朱建安

朱弘昊　丛浩哲

乔　靖　苗清青

交警叔叔阿姨送给小朋友的礼物！

图书在版编目(CIP)数据

小鸡爱画画 / 葛冰著；赵喻非等绘；公安部道路交通安全研究中心主编. – 北京：研究出版社，2023.7

(交通安全十二生肖系列)

ISBN 978-7-5199-1478-3

Ⅰ.①小… Ⅱ.①葛… ②赵… ③公… Ⅲ.①交通运安全 – 儿童读物 Ⅳ.①X951-49

中国国家版本馆CIP数据核字(2023)第078926号

◆ **特别鸣谢** ◆

湖南省公安厅交警总队

广东省公安厅交警总队

武汉市公安局交警支队

北京交通大学幼儿园

北京市丰台区蒲黄榆第一幼儿园

小鸡爱画画（交通安全十二生肖系列）

出版发行： 中国出版集团有限公司 研究出版社	策　　划：公安部道路交通安全研究中心
出 品 人：赵卜慧	银杏叶童书
出版统筹：丁　波	

责任编辑：许宁霄	编辑统筹：文纪子
装帧设计：姜　楠	助理编辑：唐一丹

地址：北京市东城区灯市口大街100号华腾商务楼	邮编：100006
电话：(010) 64217619　64217652（发行中心）	

开本：880毫米×1230毫米　1/24　印张：18	字数：300千字
版次：2023年/月第1版	印次：2023年7月第1次印刷
印刷：北京博海升彩色印刷有限公司	经销：新华书店

ISBN　978-7-5199-1478-3	定价：384.00元（全12册）

公安部道路交通安全研究中心　主编

小鸡爱画画

葛 冰 著　杨莉芊 绘

中国出版集团有限公司
研究出版社

小鸡尖尖的爸爸是镇上有名的歌唱家。这一天，他带着小鸡们去练唱歌。

下雪啦，雪花轻悠悠地飘下来。树上白了，
屋顶白了，大地像铺上了雪白的地毯。

喔喔……喔喔喔……

趁爸爸在唱歌，尖尖和妹妹偷偷跑去玩了。

大马警官和喇叭鼠在街上巡逻。走着走着，马路边出现了歪歪扭扭的画。"是谁在马路边玩呢？太危险了！"大马警官说。

这时，尖尖爸爸也发现孩子不见了！

大马警官一边巡逻，一边打听，希望赶紧找到在马路边画画的小朋友。

走着走着，大马警官和喇叭鼠就
看到两只小鸡正在路边画画。

14

"尖尖，我画了一只大怪兽！
快来看！"
"我来啦！"

15

大马警官像
一道闪电，嗖的
一下，把尖尖抱
到了路边。

"你从停着的车中间突然跑出来，如果有车开过来，司机叔叔会看不见你们，因为路边停着的车辆会挡住他们的视线，太危险啦！"大马警官一边安慰小鸡一边说。

"出门在外千万要看好孩子，你家孩子在马路边玩，多危险呀！"

20

"谢谢大马警官，我练唱歌太投入，一时疏忽了。"

今天总算有惊无险，还是
在家画画好，又安全，又好玩。

不着急横穿马路

有人叫我过马路，
我不着急先看看。
路边停车挡视线，
没车通过才安全。

小朋友们，不要在有树木、花坛、停有车辆的地方过马路，很危险哟！

不要在有障碍物的地方过马路

　　家长朋友们，小鸡尖尖的故事警示我们：随意在马路上穿行是多么危险！那么，危险来自于哪里呢？那就是——盲区。我们需要了解两类盲区：一类是车内盲区，即因车辆自身构造而形成的盲区。这在《小老鼠玩捉迷藏》的故事中我们已经了解过了。通过《小鸡爱画画》这个故事，我们需要了解的是第二类盲区，即车外盲区，也就是因车辆外部物体遮挡视线而造成的盲区，如路边的灌木丛、停止的车辆、路边的其他障碍物等。因为这些障碍物的遮挡，行人看不到车辆，车辆驾驶人也看不到行人，如果行人贸然从障碍物旁边过马路的话，就很容易发生碰撞，造成伤害。

　　当路边有障碍物时，正确的过马路方法是停下来观察，选择视线开阔的地方通过；如果因客观条件限制，只能在障碍物附近通过，就要分步完成过街任务，即先走到障碍物前方，使视线不被遮挡，然后停下来观察，确保没有来车或与来车有足够的安全距离，再匀速通过。